BEI GRIN MACHT SICH IHR WISSEN BEZAHLT

- Wir veröffentlichen Ihre Hausarbeit,
  Bachelor- und Masterarbeit

- Ihr eigenes eBook und Buch -
  weltweit in allen wichtigen Shops

- Verdienen Sie an jedem Verkauf

Jetzt bei www.GRIN.com hochladen und kostenlos publizieren

Bibliografische Information der Deutschen Nationalbibliothek:

Die Deutsche Bibliothek verzeichnet diese Publikation in der Deutschen National-
bibliografie; detaillierte bibliografische Daten sind im Internet über http://dnb.d-
nb.de/ abrufbar.

Impressum:

Copyright © 2017 GRIN Verlag, Open Publishing GmbH
Druck und Bindung: Books on Demand GmbH, Norderstedt Germany
ISBN: 9783668462526

Dieses Buch bei GRIN:

http://www.grin.com/de/e-book/366073/einfuehrung-der-schriftlichen-subtraktion-
ueber-die-rechenkonferenz-mathematik

Juliane Ebel

Einführung der schriftlichen Subtraktion über die Rechenkonferenz (Mathematik 3. Klasse Grundschule)

GRIN Verlag

GRIN - Your knowledge has value

Der GRIN Verlag publiziert seit 1998 wissenschaftliche Arbeiten von Studenten, Hochschullehrern und anderen Akademikern als eBook und gedrucktes Buch. Die Verlagswebsite www.grin.com ist die ideale Plattform zur Veröffentlichung von Hausarbeiten, Abschlussarbeiten, wissenschaftlichen Aufsätzen, Dissertationen und Fachbüchern.

Besuchen Sie uns im Internet:

http://www.grin.com/

http://www.facebook.com/grincom

http://www.twitter.com/grin_com

Ausführliche Unterrichtsvorbereitung im Fach Mathematik

Thema der Unterrichtsstunde:

„Einführung der schriftlichen Subtraktion über die Rechenkonferenz"

Datum: 10.03.2017

Klasse: 3

Inhaltsverzeichnis

1. Darstellung der Rahmenbedingungen

Die geplanten Unterrichtsstunden finden an einem Freitag in der ersten und zweiten Stunde im Rahmen eines 90-minütigen Unterrichtsblocks statt. Ab 7.45 Uhr müssen alle Schüler[1] in ihren Klassen sein und beginnen mit Freiarbeit. Da es ein gleitender Unterrichtsbeginn ist, gibt es keine Schulklingel.

Die Klasse besteht aus 20 Schülern – neun Mädchen und elf Jungen. Die Schule liegt sehr ländlich in einem kleinen Dorf in der Nähe der großen Kreisstadt Oschatz, aus der auch ein Drittel der Kinder kommt. Die anderen wohnen im ländlichen Umfeld.

In der Klasse gibt es einen Jungen mit einer LRS, der große Probleme in den Bereichen räumliche Orientierung und Lesen hat. Er wurde in Klasse 2 zurückgestuft und wird jetzt differenziert in Klasse 3 unterrichtet. Er benötigt regelmäßige Unterstützung von der Lernbegleitung um zu Erfolgen zu kommen.

Ein weiterer Junge kam im letzten Schuljahr dazu. Er wollte in seiner alten Schule nicht mehr zur Schule gehen und kam mit sehr wenig Lernmotivation in diese Klasse. Inzwischen kommt er gern zur Schule, es sind aber nach wie vor Leistungsdefizite zu erkennen. Auch ist er wenig selbstständig und benötigt Unterstützung von der Lernbegleitung.

Seit Mitte Oktober geht eine neue Schülerin in die Klasse. Sie wächst zweisprachig (russisch, deutsch) auf und kam ebenfalls wegen Schulunlust zu uns. Sie hat Probleme im selbstständigen Arbeiten und in der optischen Differenzierung. Sie erhält Ergotherapie.

Um die Kinder im Unterricht zu unterstützen, sie optimal zu fördern und in ihrer Individualität abzuholen, begleitet in jeder Klasse ein Erzieher (je nach Anzahl der Integrationskinder auch mehrere Lernbegleiter) den Unterricht. Die eigentlich zu Klasse 3 gehörende Erzieherin Frau ist momentan krankgeschrieben. Meine Mentorin Frau wird für die Hospitationsstunde ihre Aufgaben übernehmen.

1.1 Beschreibung des Lernortes

Das Klassenzimmer der 3. Klasse ist hell und groß. Lehrertisch und Tafel befinden sich im vorderen Teil, die Schülertische stehen in Gruppen zusammen. Im hinteren Teil des Raumes befindet sich ein runder Teppich für Sitzkreise und zahlreiche Regale mit verschiedenartigem Material für den Unterricht (Bücher für die jeweiligen Fächer, Montessorimaterialien, Lernspiele, Ablagen der Kinder, …). An den Wänden hängen aktuelle Projekte und Anschauungsmaterial des Unterrichts. An den Raum grenzt ein Computerkabinett, in dem die Schüler an Lernprogrammen arbeiten können. Auch weitere Nachschlagewerke und altersgerechte Fachliteratur sind dort zu finden.

1.2 Arbeits- und Sozialverhalten

In der Klasse herrscht eine ausgewogene Atmosphäre, wobei es immer noch ab und zu zu Auseinandersetzungen unter gewissen Schülern kommt, welche meist von den Schülern selbstständig gelöst werden können. Trotzdem herrschen ein freundliches Arbeitsklima und eine generelle Hilfsbereitschaft untereinander. Die Schüler sind vorrangig frontale Unterrichtsformen gewöhnt, zeigen sich aber sehr aufgeschlossen gegenüber offeneren

---

[1] Aus Gründen der Lesbarkeit gelten Personenbezeichnungen für beide Geschlechter

Unterrichtsformen. Diese müssen weiterhin geübt werden. Auch sind das Arbeitstempo und das Leistungsniveau der Schüler sehr unterschiedlich ausgeprägt. Dies erfordert eine ständige Anpassung in der Differenzierung des Anforderungsniveaus. Schwierigkeiten haben viele Schüler noch im Aufgabenverständnis und selbstständigen Umsetzen der Aufgabenstellung. Sie benötigen ständige Rückmeldung seitens der Lernbegleiter und des Lehrers und müssen zum eigenständigen Denken und Arbeiten vermehrt angeregt werden.

2. Lernvoraussetzungen

<u>Sachkompetenz:</u>

Anforderungen der Stunde:

- die Grundaufgaben der Subtraktion beherrschen, schriftliche Verfahren der Subtraktion verstehen und übertragen
- mündliche und halbschriftliche Rechenstrategien verstehen und bei geeigneten Aufgaben anwenden
- Mathematische Fachbegriffe und Zeichen sachgerecht verwenden
- sich sicher in der Stellentafel orientieren

Die Mehrheit der Schüler kann:

- Die Grundaufgaben der Subtraktion beherrschen
- das schriftliche Verfahren der Addition verstehen und anwenden
- mathematische Fachbegriffe und Zeichen kennen und übertragen

<u>Methodenkompetenz:</u>

Anforderungen der Stunde:

- eigene Vorgehensweisen beschreiben, Lösungswege anderer verstehen und gemeinsam darüber reflektieren
- Wissen zum vorteilhaften Rechnen und Kontrollieren nutzen
- Abziehverfahren anwenden (entscheiden, ob der Minuend in der Stelle größer als der Subtrahend ist, Zehner in 10 einer tauschen, wenn er kleiner ist)
- stellenrichtiges Schreiben der Subtraktionsaufgaben

Die Mehrheit der Schüler kann:

- Subtraktionsaufgaben stellenrichtig aufschreiben
- entscheiden, ob der Minuend der Stelle größer als der Subtrahend ist und subtrahieren

<u>Sozial- und Selbstkompetenz:</u>

Anforderungen der Stunde:

- Kooperatives Arbeiten
- Vereinbarte Regeln für kooperatives Lernen einhalten
- Inhalte zuhörend verstehen, gezielt Nachfragen bei Nichtverstehen

Die Mehrheit der Schüler kann:

- dem Anderen zuhören, warten, eigene Ideen einbringen, gemeinsame Lösungen finden, Ergebnisse miteinander vergleichen, wertschätzend miteinander sprechen

Abweichungen vom allgemeinen Lernstand:

Anja, Emily, Luca, Tala und Alexander haben Schwierigkeiten, anderen zuzuhören und die Aufgabenstellungen zu verstehen und umzusetzen. Sie müssen oft daran erinnert werden, dem Sprechenden zu folgen und mitzudenken. Auch benötigen sie oftmals eine erneute Erklärung der Aufgabe.

Alexander hat zudem eine LRS, kann nur sehr langsam verstehend lesen und hat große Probleme beim Schreiben. Ihm wird die Aufgabe häufig noch vorgelesen (Nachteilsausgleich), mathematisches Verständnis ist jedoch altersgerecht vorhanden. Durch die LRS ist sein Arbeitstempo stark verlangsamt.

3. Sachanalyse

Heute gibt es insgesamt fünf schriftliche Verfahren zur Subtraktion, die jedoch keineswegs alle gleich gut für den Mathematikunterricht geeignet sind. Noch zu Beginn des 20. Jahrhunderts konkurrierten lediglich zwei Verfahren in Deutschland: Das „norddeutsche Verfahren", damals fälschlicher Weise auch als „Borgeverfahren" bezeichnet, welches dem heutigen „Abziehen mit Entbündeln" entspricht. Andererseits gab es das „süddeutsche" oder auch „österreichische Verfahren", ein Ergänzungsverfahren. Quellen gehen bis in das 16. Jahrhundert zurück und verweisen vor allem auf die Verbreitung des kaufmännischen Rechnens. Hierbei ist anzunehmen, dass damit die bereits von Adam Ries beschriebene Auffülltechnik gemeint ist.

Im März 1958 empfahl dann die KMK bundeseinheitliche Formen des schriftlichen Rechnens, woraus sich schließlich rechtsverbindliche Erlasse der Bundesländer entwickelten. Die einzig erklärte Begründung war das Ziel der Vereinheitlichung; vermutlich aber auch eine Anpassung an den gymnasialen Mathematikunterricht sowie die Kürze des Verfahrens. Obwohl Brownell und Moser 1949 mit ihrer Untersuchung nachwiesen, dass für einen Unterricht auf Verständnisgrundlage das „Abziehen mit Entbündeln" das erfolgreichere Verfahren ist, ging die KMK darauf nicht ein. Erst 1996 gelang es Radatz und Schipper mit dem veröffentlichen des Stoffplans „Mathematik in den Schuljahren eins bis vier" die Kultusministerien und die KMK von den Vorzügen des „Abziehens mit Entbündeln" zu überzeugen, sodass schließlich im Dezember 2001 deutschlandweit die Freigabe des Verfahrens erfolgte.

Grundsätzlich gibt es zwei Rechenwege: das Abziehen (Wegnehmen) in Minussprechweise und das Ergänzen (Hinzufügen) in Plussprechweise. Die Schreibweise ist in beiden Fällen gleich, das gedankliche Vorgehen und die damit verbundene Sprechweise sind verschieden.

HZE	Beim Abziehen	Beim Ergänzen
795	E: 5 minus 1 gleich 4	1 plus 4 gleich 5
-371	Z: 9 minus 7 gleich 2	7 plus 2 gleich 9
=424	H: 7 minus 3 gleich 4	3 plus 4 gleich 7

Abziehverfahren:

Ausgangspunkt bei diesem Zugangsweg ist das Wechseln von Geldbeträgen:

Ein Schüler hat 634€ in Form von 6 Hunderterscheinen, 3 Zehnerscheinen und 4 Ein-Euro-Münzen. Ein Mitschüler möchte 357€ davon haben. Ohne das Geld zu wechseln, ist das Lösen dieser Aufgabe nicht möglich. Zunächst muss also ein Zehnerschein in 10 Ein-Euro-Münzen gewechselt werden, um 7€ von den nun 14 Ein-Euro-Münzen erhalten zu können. Es bleiben 7€ übrig. Als nächstes muss ein Hunderterschein in 10 Zehnerscheine gewechselt werden, um von den 12 Zehnerscheinen 5 wegnehmen zu können. 7 Zehnerscheine bleiben übrig. Von den 5 verbliebenen Hunderterscheinen werden 3 weggenommen, womit 2 übrigbleiben. Es bleiben also 277€ übrig.

Anschließend wird der Wechselvorgang anhand der Stellentafel visualisiert:

$$14(E) - 7(E) = \mathbf{7(E)}$$
$$12(Z) - 5(Z) = \mathbf{7(Z)}$$
$$5(H) - 3(H) = \mathbf{2(H)}$$

$$\overset{5\ 12\ 14}{6\ \cancel{3}\ 4}$$
$$-3\ 5\ 7$$
$$\underline{2\ 7\ 7}$$

Vorteile:
- das Verfahren ist leicht verständlich und naheliegend, da es eng mit dem von der schriftlichen Addition gewohnten Umbündeln zusammenhängt
- der Ableitungsweg ist logisch, kein erforderlicher Trick
- enaktiv und ikonisch gut zu veranschaulichen
- ist von den Schülern selbstständig gut zu entdecken
- lässt sich durch halbschriftliches Rechnen vorbereiten
- Umformungen werden ausschließlich im Minuenden vorgenommen → Sachaufgabengerecht
- Vorteile bei der Sprechweise

Nachteile:
- bei mehreren Subtrahenden werden Mehrfachentbündelungen erforderlich, die jedoch in zwei Teilaufgaben gelöst werden können
- Sonderfall: Subtraktion mit mehreren Nullen → es muss von der nächst größeren von Null verschiedenen Stelle entbündelt werden

Ergänzungsverfahren
a) Ergänzen mit Erweitern:
Diesem Verfahren liegt das *Gesetz von der Konstanz der Differenz* zu Grunde:
Addiert oder subtrahiert man sowohl zum Minuend als auch zum Subtrahend den gleichen Wert, bleibt die Differenz unverändert.
Um das gleichsinnige Verändern als konzeptionelle Grundlage für die Erweiterungstechnik den Kindern verständlich zu machen, sind vorbereitende Übungen unentbehrlich. Zum Beispiel: ‚Jan und Luka stellen sich Rücken an Rücken. Jan ist 4cm größer als Luka. Nun klettern beide auf den Tisch. Wie groß ist jetzt der Unterschied?'
Auch auf Rechengeld kann zurückgegriffen werden. Betrachte man folgende Aufgabe:

	Sprechweise:
10	
5 2 4	3 plus **1** gleich 4
- 2₁6 3	6 plus **6** gleich 12
2 6 1	3 plus **2** gleich 5

Die Einer sind problemlos lösbar. Bei den Zehnern stehen die Kinder jedoch vor einem scheinbar unlösbarem Problem: ‚6 plus_____gleich 2' funktioniert nicht im Bereich der Natürlichen Zahlen. Daher erhält jede 100€ dazu. Ein Hunderter wird zu den 5 Hundertern im Subtrahend gelegt, 10 Zehner werden zu den Zehnern im Minuend gelegt. Somit wird die Aufgabe lösbar, da nun ‚6 plus __ gleich 12' gerechnet werden kann. Zum Abschluss der Rechnung muss nun beachtet werden, dass beim Erweitern der Hunderter des Subtrahenden um einen Hunderter erweitert wurde. Das heißt: ‚3 plus __ gleich 5'.

<u>Vorteile:</u>
- es wird nur das Einsundeins und nicht das fehleranfälligere Einsminuseins benötigt
- die Herausgabe von Wechselgeld erfolgt im Sinne des Ergänzens, ist heute aber eher selten, da die meisten Kassen den herauszugebenden Betrag direkt anzeigen
- Aufgaben mit Nullen im Minuenden bilden keinen Sonderfall

<u>Nachteile:</u>
- nur schwer verständlich durch das anspruchsvolle *Gesetz von der Konstanz der Differenz*, vor allem, weil derselbe Betrag in unterschiedlicher Form addiert wird
- lässt sich durch die mehrfachen Abänderungen der gegebenen Zahlen nur schwer halbschriftlich vorbereiten
- eine selbstständige Entdeckung ist kaum möglich
- die Endform der Kurzschreibweise verbirgt die entscheidende Idee des Erweiterns → Gefahr der gedankenlosen Automatisierung
- die ursprüngliche Aufgabe wird durch die Abänderungen stark verändert
- die Sachgebundenheit wird ignoriert; Sachaufgaben liegen wenig nahe
- die Sprechweise ist problematisch, differiert mit der Schreibweise
- Schüler verwechseln dann oft Subtraktion und Addition weil bei beiden Verfahren eine 1 unten ungeschrieben wird und sie so schlechter zu unterscheiden sind

b) Ergänzen mit Auffüllen
Der Grundgedanke der Auffülltechnik ist das Auffüllen des Subtrahenden zum Minuenden. Die Subtraktionsaufgabe wird also als Additionsaufgabe mit einem fehlenden Summanden aufgefasst, wobei die Summe oben steht. Die Auffülltechnik kann nur mit dem Ergänzen kombiniert werden. Zunächst wir die schriftliche Subtraktion auf der Ebene eines Zählermodells vorbereitet. Als Hilfsmittel dient der Rechenstrich, Beispiel ist der Kilometerstand vor und nach einer Autofahrt:

$$
\begin{array}{r}
5\,7\,2 \\
-\,3\,4_19 \\
\hline
2\,2\,3
\end{array}
$$

Zählerstand alt	Zwischenstand	Zwischenstand	Zählerstand neu
349 $\xrightarrow{\ +\,3(E)\ }$	352 $\xrightarrow{\ +\,2(Z)\ }$	372 $\xrightarrow{\ +\,2(H)\ }$	572

Anschließend wird dieser Rechenweg analog in drei Stellentafeln notiert und zuletzt in einer einzigen zusammengefasst:

$$
\begin{array}{|c|c|c}
H & Z & E \\
\hline
3 & 4 & 9
\end{array}
\xrightarrow{+3(E)}
\begin{array}{|c|c|c}
H & Z & E \\
\hline
3 & 5 & 2
\end{array}
\xrightarrow{+2(Z)}
\begin{array}{|c|c|c}
H & Z & E \\
\hline
3 & 7 & 2
\end{array}
\xrightarrow{+2(H)}
\begin{array}{|c|c|c}
H & Z & E \\
\hline
5 & 7 & 2
\end{array}
$$

H	Z	E
5	7	2
- 3	4₁	9
2	2	3

Sprechweise:

9 plus 3 gleich 12   Schreibe 3, übertrage 1
5 plus 2 gleich 7   Schreibe 2
3 plus 2 gleich 5   Schreibe 2

Vorteile:
- Lässt sich durch halbschriftliches Rechnen gut vorbereiten
- Sowohl Minuend als auch Subtrahend bleiben unverändert
- Aufgaben mit Nullen im Minuend sind besonders leicht zu lösen
- Aufgaben mit mehreren Subtrahenden sind problemlos lösbar

Nachteile:
- etwas umständlich: Auffüllen zur nächsthöheren Einheit, Umbündeln, weiteres Auffüllen bis zur Zielzahl
- keine sinnvolle enaktive Realisation
- problematische Sprechweise, lässt den Auffüllvorgang nicht mehr sichtbar werden
- ungeeignet für Sachaufgaben
- Verwechslung Addition

Um Fehler zu minimieren bzw. zu vermeiden, ist es sinnvoll, mit den Schülern regelmäßig *Überschlagendes Rechnen* zu üben, um so die Plausibilität von Ergebnissen zu überprüfen. Auch Aufgaben mit *Spiegelzahlen*, kontrollierendes Rechnen durch *Umkehraufgaben*, *Klecksaufgaben, unlösbare Aufgaben* oder *Zahlenrätsel* sind sinnvoll. Ebenfalls sollte eine individuelle und auch gemeinsame Reflexion über verschiedene Rechenmethoden beibehalten werden.

4. Didaktische Analyse

In dieser Unterrichtsstunde liegt der Fokus auf der Einführung des Abziehverfahrens der schriftlichen Subtraktion, nach dem die Stunden zuvor bereits die schriftliche Addition kennen gelernt wurde.
Im Folgenden wird nun der Bezug zum Lehrplan und die Einordnung der geplanten Stunde in die Unterrichtseinheit dargestellt.

4.1 Bezug zum Lehrplan

Mathematik Klasse 3 – Lernbereich 2: Arithmetik

Die Schüler sollen die schriftlichen Verfahren der Addition und Subtraktion (Abzieh- und Ergänzungsverfahren) kennen, mit einem Subtrahenden auch mit Übertrag addieren und subtrahieren und Kontrollverfahren kennen lernen, anschließend in Sachsituationen anwenden.

4.2 Einordnung der Stunde in die Unterrichtseinheit

Hierbei ist mit einer Stunde immer ein ganzer Unterrichtsblock von je 90 Minuten gemeint.

Stunde	Thema
1	Einführung schriftliche & halbschriftliche Addition (Rechenkonferenz)
2	Übung zur schriftlichen & halbschriftlichen Addition
3	Vertiefung zur schriftlichen & halbschriftlichen Addition
4	**Einführung der schriftlichen Subtraktion über die Rechenkonferenz**
5	Übung schriftliche Subtraktion, Überschlag
6	Sachaufgaben zur schriftl. & halbschriftl. Addition & Subtraktion

4.3 Zugänglichkeit zum Lerngegenstand

Früher gab es weder Taschenrechner, Kassen oder Computer, die den Menschen das Rechnen abnahmen. Daher mussten sich Verkäufer und Kunden Verfahren überlegen, wie sie auch große Mengen oder Geldbeträge leicht addieren oder subtrahieren konnten, um die Anzahl oder den Preis auszurechnen. Seit Adam Ries erleichtern die schriftlichen Rechenverfahren das komplizierte und langwierige Rechnen mit großen Zahlen.

4.4 Gegenwartsbedeutung, Zukunftsbedeutung - und exemplarische Bedeutung

Bisher begegneten ihnen schriftliche Rechenverfahren meist im Schulkontext. Durch die Technisierung der Welt ist es selten, dass außerhalb des Schulalltags noch schriftlich gerechnet wird. Die schriftlichen Rechenverfahren stellen für die Schüler eine Rechenerleichterung bei. Das stellenweise Subtrahieren isoliert die Schwierigkeit, weil die Zahl im Ganzen nicht mehr gemerkt werden muss, sondern stellenweise subtrahiert werden kann. Zusätzlich zeigen schriftliche Rechenverfahren, dass Algorithmen helfen, auch zu einem Ergebnis zu kommen. Besonders für rechenschwache Schüler ist das eine Möglichkeit, das Ergebnis doch selbst herauszubekommen.

Schriftliche Rechenverfahren zeigen den Kindern aber auch, dass sie auf unterschiedlichen Wegen zum Ziel kommen können. Das hat für sie im Leben eine große Bedeutung, weil sie bei der Lösung von Problemen immer wieder auf unterschiedliche Lösungswege zurückgreifen müssen, um eine bestimmte Problematik angehen zu können. Besonders wichtig ist es, dass diese unterschiedlichen Lösungswege für sie bewusst gemacht werden. Dabei üben sie ihre eigenen Lösungswege verständlich zu beschreiben und profitieren von den Ideen ihrer Mitschüler. Das ist wichtig, damit sie jetzt und in ihrem späteren Leben erkennen, dass nicht nur ihr Weg der einzig richtige ist.

5. Lernziele

Die Schüler können Lösungswege der Mitschüler nachvollziehen und erkennen, dass es unterschiedliche Lösungsmöglichkeiten gibt. (Methodenkompetenz)

Die Schüler sind in der Lage, ihren individuellen Rechenweg zu beschreiben und erklären. (Methodenkompetenz)

Die Schüler können Regeln und Vereinbarungen kooperativer Arbeitsformen einhalten. (Sozial- & Selbstkompetenz)

Die Schüler gewinnen Einblick in das Abziehverfahren der schriftlichen Subtraktion. (Sachkomeptenz)

6. Methodische Analyse

Rechenkonferenzen sind eine Möglichkeit, die bereits vorhanden Rechenkompetenzen der Kinder zu nutzen und sie zu motivieren, ihr Vorgehen den Mitschülern verständlich vorzustellen. Dabei kann die Verwendung der Fachsprache der Mathematik angebahnt werden sowie mathemaische Denkprozesse und auch Denkfehler bewusst gemacht werden. Wichtig ist hierbei die Präsentation, weil sie den Kindern erst die Möglichkeit gibt, diese Ziele zu erreichen. Auch für die Subtraktion soll deshalb diese Methode gewählt werden. Die Schülervorträge helfen auch das Selbstbewusstsein der Kinder zu stärken und ermöglichen unterschiedliche Rechenwege kennen zu lernen.

Für die Einführung des Verfahrens der schriftlichen Subtraktion soll das Abziehverfahren gewählt werden. Das hat den direkten Bezug zu dem bereits bekannten Umgang mit dem goldenen Perlenmaterial. Von dort kennen die Schüler das Entbündeln des Zehners in 10 Einer, sowie das Bündeln von 10 Einern in einen Zehner. Damit kann an vorhandenes Wissen angeknüpft werden. Auch kann durch die unterschiedliche Schreibweise gegenüber der schriftlichen Addition vermieden werden, dass sie beide Rechenverfahren Verwechseln bzw. beim Subtrahieren in den Stellen nicht auf den Minuend bzw. den Subtrahend achten und die kleinere Zahl von der größeren subtrahieren. Um das zu vermeiden ist es wichtig, dass den Kindern bewusst gemacht wird, welches der Minuend ist und dass sie entscheiden müssen, ob in der entsprechenden Stelle der Subtrahend abgezogen werden kann. Dafür soll die frontale Einführung an der Tafel gewählt werden. So kann sichergestellt werden, dass einem Großteil der Schüler die Problematik bewusst ist in dem ein Vorgehensalgorithmus gemeinsam geübt wird.

Die Ergebnissicherung in Form einer Tafelabschrift im Heft ermöglicht es den Schülern, immer wieder nachzuschauen, wenn sie die Vorgehensweise vergessen haben. Zuerst wird eine Aufgabe ohne Unterschreitung der Stellen gewählt, um das stellenweise Subtrahieren bewusst zu machen.

Entweder wird im weiteren Verlauf der Stunde die schriftliche Subtraktion mit Übertrag frontal erklärt oder (sollte es noch Schwierigkeiten geben) es folgt zunächst eine Übungsphase für die schriftliche Subtraktion ohne Übertrag, in der die Schüler wählen können, ob sie das Verfahren im Lernprogramm Budenberg, mit dem goldenen Perlenmaterial oder in Partnerarbeit mit einem Mitschüler üben. Dabei wurde das Lernprogramm Budenberg gewählt, weil es den Algorithmus mit dem Schüler übt und sofort eine Rückäußerung gibt, wenn es falsch ist. Das goldene Perlenmaterial veranschaulicht besonders für schwächere Schüler den tatsächlichen Stellenwert und macht eine Subtraktion erst dann möglich, wenn sie entbündelt haben oder der Minuend in der Stelle tatsächlich größer ist als der Subtrahend. Somit ist auch hier eine Lösungskontrolle durch die Anschauung vorhanden. Dieses Material ist besonders für schwache Schüler wichtig und wird von dem begleitenden Erzieher betreut. Aufgaben in Partnerarbeit schulen die Kompetenz selbstständig Aufgaben zu wählen, gemeinsam zu lösen und mithilfe eines Taschenrechners zu kontrollieren. Dabei stellt die Wahl der Aufgabe bereits eine Herausforderung dar, da im natürlichen Bereich der Minuend größer als der Subtrahend gewählt werden muss. Die freie Wahl der Aufgaben ermöglicht auch eine Übertragung des Gelernten auf größere Zahlbereiche.

Thema: Einführung der schriftlichen Subtraktion über die Rechenkonferenz

Zeit	didaktische Funktion	Lehreraktivität	Schüleraktivität	Sozialform / Methode / Medien
8.00	Hinführung, Motivation	Begrüßung & Vorstellung Fr. Nebelung, kurze Zf. der letzten Stunde, Ablauf heute; *„bei Addition-Rechenkonferenz viele verschiedene Ergebnisse, bin gespannt, ob heute wieder"*		Plenum
8:03	Erarbeitung	a) Fachbegriffe d. Subtraktion: **Minuend – Subtrahend = Differenz** b) Wdh. Verfahren Rechenkonferenz Aufgabe: **485-162=**	Rechenkonferenz: **ich- & du – Phase**	Plenum, Phasenkarten, A3-Blätter Einzel-, Partnerarbeit,
8:25	Ergebnispräsentation	Unterstützung bei Erklärung, gleiche Rechenwege zusammenfassen Schriftliche Subtraktion ohne Übertrag: a) Abziehverfahren	**Wir-Phase:** Präsentation d. Ergebnisse aus der Rechenkonferenz	Plenum, Schülervorträge, Tafel
		 	Datum, Überschrift, schriftliches Rechenverfahren ins Heft schreiben	Plenum, Tafel
8:55		An Tafel mit Hilfe von Stellenwerttafel und Zeichnung v. Hunderterfeldern, Zehnerstangen und Einerpunkten		
8:55		(Bei Unsicherheiten -> Einbau einer längeren Übungsphase, Übertrag erst in Folgestunde)	Budenberg-Software, eigene Aufgaben in Partnerarbeit, mit Goldenem Perlenmaterial üben, Arbeitsblatt, eigene Aufgaben	Einzel-, Partner-, Gruppenarbeit
8:55	Problemstellung & Lösung	Schriftliche Subtraktion mit Übertrag: An Tafel mit Hilfe von Stellenwerttafel und		Plenum, Tafel

Tabelle (im Feld "Lehreraktivität"):

H	Z	E
4	8	5
1	6	2
-		
3	2	3

Abziehen ←

	Zeichnung v. Hunderterfelder, Zehnerstangen und Einerpunkten	Von der Tafel ins Heft abschreiben	

H	Z	E
	7	15
4	8	5
-		
3	1	8

Abziehen ←

9:10	Üben	Im Sitzkreis mit einigen Schülern weitere Aufgaben legen und besprechen	S., die das Verfahren verstanden haben, üben an eigenen Aufgaben oder mit der Budenberg-Software oder AB (Unterstützung durch Lernbegleiter) S., die Wiederholung benötigen, gehen in den Kreis zum gemeinsamen Besprechen in der Kleingruppe	Einzel-, Partner-, Gruppenarbeit; PC Kinositz, Goldenes Perlenmaterial, Zahlenkarten, Stellenwerte
9:25	Feedback, Abschluss	„Was hat dir heute gut gefallen? Was hast du heute gelernt?"	Feedback	Plenum

8. Literaturverzeichnis

Esslinger-Hinz/Wigbers   u.a.   (2013):   *Der   ausführliche   Unterrichtsentwurf.*
Weinheim/Basel: Beltz.

KMK (2005): *Bildungsstandards im Fach Mathematik für den 'Primarbereich.*
München/Neuwied: Luchterhand.

Padberg, Friedrich / Benz, Christiane (2011): *Didaktik der Arithmetik.* 4. Auflage.
Heidelberg: Spektrum Akademischer Verlag.

Sächsisches Staatsministerium für Kultus (Hrsg.) (2009*): Lehrplan Grundschule
Mathematik.* Dresden.

Schipper, W. (2011): *Handbuch für den Mathematikunterricht an Grundschulen.*
Braunschweig: Schrödel.

Materialien:

Schleisiek, G. (1992): *Budenberg-Software.* Friedberg.

Montessori, M.: Goldenes Perlenmaterial

9. Anhang

1: Tafelbild

Schriftliche Subtraktion

Minuend - Subtrahend = Differenz

485 - 162 = 323

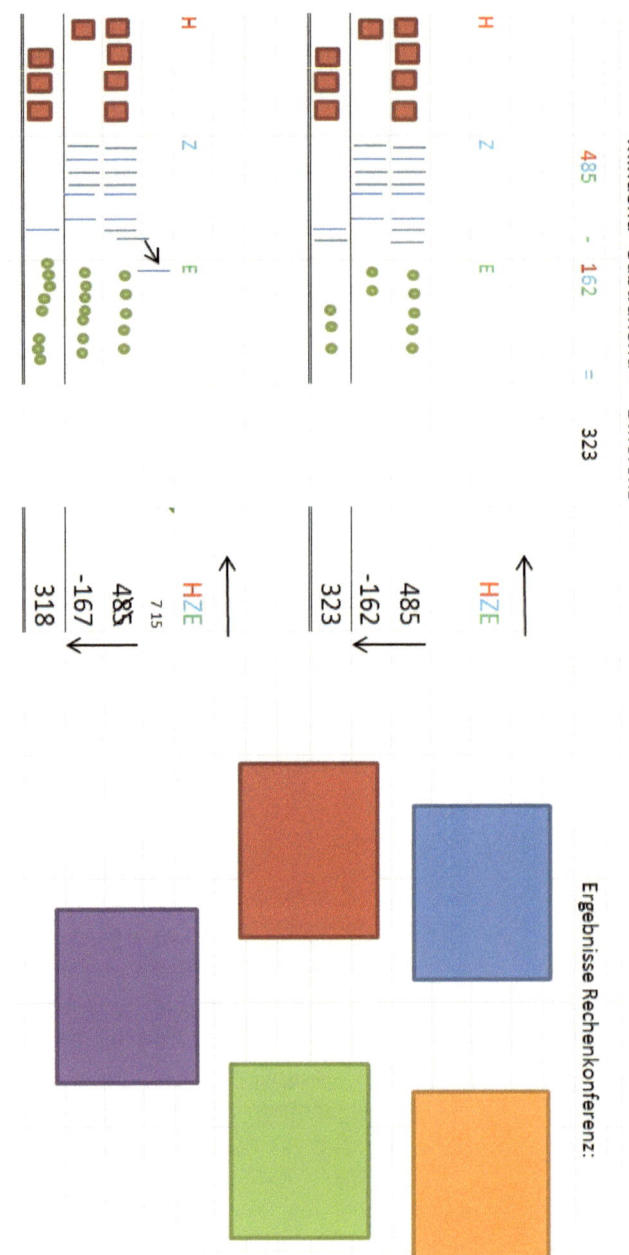

Ergebnisse Rechenkonferenz:

2: Goldenes Perlenmaterial (aus: www.montessori-material.de)

Abb. aus urheberrechtlichen Gründen entfernt

3: Arbeitsblätter (aus: Denken & Rechnen 3 (2013). Braunschweig: Westermann)

BEI GRIN MACHT SICH IHR
WISSEN BEZAHLT

- Wir veröffentlichen Ihre Hausarbeit,
  Bachelor- und Masterarbeit

- Ihr eigenes eBook und Buch -
  weltweit in allen wichtigen Shops

- Verdienen Sie an jedem Verkauf

Jetzt bei www.GRIN.com hochladen
und kostenlos publizieren